Bibliografische Information der Deutschen Nationalbibliothek:

Die Deutsche Bibliothek verzeichnet diese Publikation in der Deutschen National-
bibliografie; detaillierte bibliografische Daten sind im Internet über http://dnb.d-
nb.de/ abrufbar.

Impressum:

Copyright © 2016 GRIN Verlag, Open Publishing GmbH
Druck und Bindung: Books on Demand GmbH, Norderstedt Germany
ISBN: 9783668330344

Dieses Buch bei GRIN:

http://www.grin.com/de/e-book/342541/simulation-eines-bremsvorgangs-ohne-abs

Thomas Weimer

Simulation eines Bremsvorgangs ohne ABS

GRIN Verlag

Assignment

Systemanalyse

<u>Bremsvorgang ohne ABS</u>

Inhaltsverzeichnis

1. Einleitung

Laut Statistischem Bundesamt sind aktuell in Deutschland etwa 45,1 Millionen Autos gemeldet.[1] Man kann Deutschland ohne Bedenken als Autofahrernation deklarieren. Doch nicht alle PKW sind moderne Neuwagen, viele der angemeldeten Wagen sind entsprechend alt und daher noch nicht mit modernen, elektronischen Assistenzsystemen ausgestattet.

Eines der ersten Sicherheitssysteme war das Anti-Blockier-System, kurz ABS. Es soll verhindern, dass bei einer Notbremsung die Reifen blockieren und der Wagen so für den Fahrer unkontrollierbar wird.

Doch wie verhält man sich korrekt, um eine möglichst effektive Notbremsung ohne ABS durchzuführen?

Zur Klärung dieser Frage wird in der vorliegenden Arbeit in Anlehnung an Helmut Scherf ein mathematisches Modell in Form eines Blockschaltbildes entwickelt und dargestellt.

Im Anschluss erfolgt eine Simulation dieses Modells mit Hilfe der Software MATLAB / Simulink. Die veränderbaren Simulationsparameter sind im vorliegenden Fall die Geschwindigkeit sowie das Gewicht des Wagens.

Zunächst soll die Frage geklärt werden, welchen Einfluss sowohl die Geschwindigkeit als auch die Masse auf den Bremsvorgang eines Fahrzeugs ohne ABS haben.

In einem weiteren Schritt werden die Rad- und die Fahrzeuggeschwindigkeit unabhängig voneinander untersucht, um der Frage nachzugehen, inwieweit sich aus diesen Werten ein Einfluss auf das Bremsverhalten ableiten lässt.

Die Simulationen und Analysen sollen final eine vollkommen praxisorientierte und menschliche Frage beantworten:

„Wie soll ich mich bei einer Notbremsung mit meinem Fahrzeug ohne ABS verhalten?"

2. Grundlegende Erläuterungen zu Modellen und Simulationen

Zunächst gilt zu klären, was genau unter einem Modell und einer Simulation im vorliegenden Kontext zu verstehen ist.

Grundsätzlich sind mathematische Modelle dazu gedacht, komplexe naturwissenschaftliche Probleme durch Algorithmen zu berechnen.[2]

In technischem Sinn ist unter einem Modell stets eine Nachbildung der Wirklichkeit[3] zu sehen. Entscheidend ist, dass ein Modell immer stets vereinfacht dargestellt wird und sich auf die wesentlichen Bestandteile beschränkt. Hierbei sollte das Modell so einfach wie möglich, aber so komplex wie nötig dargestellt werden.[4] Zweck ist stets die Vorhersage von Ereignissen in der Wirklichkeit.

Um diesen Zweck erfüllen zu können, muss sich an die Modellierung des Modells der Simulationsprozess anschließen. In diesem Prozess werden verschiedene Anfangszustände analysiert, sodass final eine Aussage steht, wie sich diese Zustände auf das Modell (bzw. entsprechend auch die Wirklichkeit) auswirken werden.

---

[1] Statistisches Bundesamt, kein Datum
[2] Vgl. Benker, 2010, S. 1
[3] Landesbildungsserver Baden-Württemberg, kein Datum
[4] Burger, 2006, S.4f

3. Simulation eines Bremsvorgangs ohne ABS mit MATLAB Simulink

Im folgenden Kapitel werden die grundlegenden, theoretischen Grundlagen zu der durchzuführenden Simulation näher erläutert. Hierzu wird zunächst das Modell beschrieben, woran sich die Aufstellung der Bewegungsgleichungen sowie die Entwicklung des Blockschaltbildes für den Bremsvorgang ohne ABS anschließt.

Nach Erläuterung der genannten Grundlagen wird im letzten Teil dieses Kapitels auf die Simulationsreihe sowie die veränderten Parameter der einzelnen Versuche eingegangen.

3.1. Modellbeschreibung

Vor Durchführung der Simulation muss zunächst das Modell entwickelt werden. Im vorliegenden Fall soll ein Bremsvorgang ohne ABS simuliert werden.

Die veränderlichen Parameter sollen dabei die Geschwindigkeit des Fahrzeugs sowie die Masse sein, um eine Aussage darüber treffen zu können, wie sich diese Parameter auf die Radgeschwindigkeit über den Zeitverlauf des Bremsvorgangs auswirken. Zusätzlich wird neben der Rad- und der Fahrzeuggeschwindigkeit auch der resultierende Bremsweg in die Betrachtung mit einbezogen.

Straßen- und Wetterverhältnisse bleiben unberücksichtigt.

3.2. Aufstellen der Bewegungsgleichungen[5]

Wie in der Modellbeschreibung aufgezeigt, soll die Rad- als auch die Fahrzeuggeschwindigkeit simuliert werden. Hierzu ist es nötig, beide Größen getrennt voneinander zu betrachten.

Zunächst müssen die auf das Rad wirkende Kräfte und Momente ermittelt werden. Hierzu wird ein Rad freigeschnitten. Die am Rad auftretenden Kräfte und Momente zeigt die folgende Abbildung:

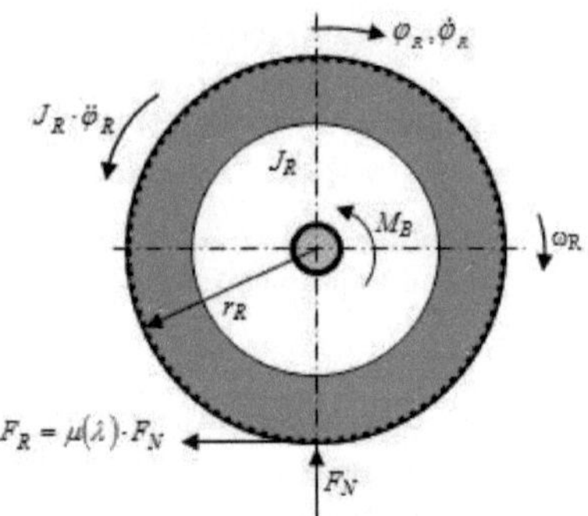

Abbildung 1 Freigeschnittenes Rad[6]

Die Winkelgeschwindigkeit des Rades wird durch ω_R beschrieben. In der Vorwärtsbewegung rollt das Rad im Uhrzeigersinn. Entgegengesetzt wirkt das Bremsmoment M_B. Die Fahrzeugverzögerung erfolgt durch Reibung im Latsch[7], ausgedrückt durch die Reibungskraft F_R. Gleichzeitig bewirkt sie über den

---

[5] Vgl. Scherf, 2010, S.24f
[6] Vgl. Scherf, 2010, S.25
[7] *Latsch* ist die Bezeichnung für die Aufstandsfläche des Reifens

Radradius r_R das Drehmoment M_R. Dieses bewirkt einen Antrieb des Rades. Entgegen dem Uhrzeigersinn wird das d'Alembertsche Trägheitsmoment aufgetragen, sodass sich aus dem Momentengleichgewicht um den Radmittelpunkt die folgende Bewegungsgleichung ergibt:

$$J_R \cdot \ddot{\varphi}_R = F_R \cdot r_R - M_B \tag{1}$$

Die beschriebene Reibungskraft F_R lässt sich ausdrücken als das Produkt aus dem Reibungskoeffizient μ und der Normalkraft F_N:

$$F_R = \mu \cdot F_N \tag{2}$$

In der Simulation soll zusätzlich auch der Schlupf λ untersucht werden. Dieser berechnet sich aus der folgenden Gleichung:

$$\lambda = \frac{v_F - v_R}{v_F} \tag{3}$$

Der Schlupf ergibt sich also aus der Differenz von Fahrzeug- und Radgeschwindigkeit dividiert durch die Fahrzeuggeschwindigkeit.

Nachdem die Bewegungsgleichung für das Rad aufgestellt wurde, muss dies auch für das Fahrzeug geschehen. Hierzu wird zunächst das Fahrzeug freigeschnitten und die auftretenden Kräfte, analog der Vorgehensweise beim Rad, eingetragen:

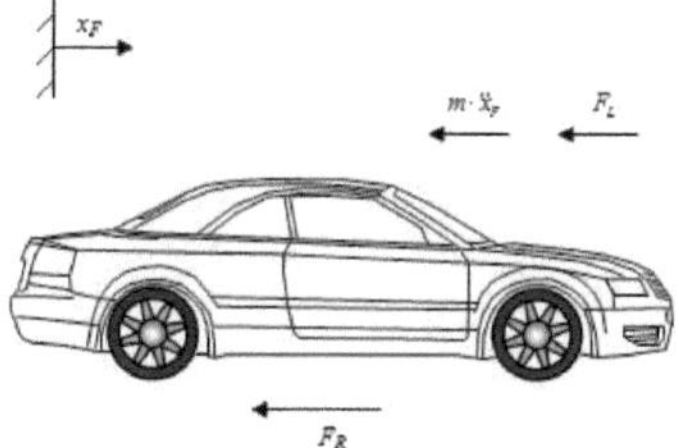

F_R beschreibt hierbei die Reibungskraft, zusammengefasst, aller vier Räder.

Weiterhin berechnet sich der Luftwiderstand F_L des Wagens aus:

---

[8] Vgl. Scherf, 2010, S.26

$$F_L = C_w \cdot A \cdot \frac{\rho}{2} \cdot v_f^2 \tag{4}$$

Aus der Skizze des freigeschnittenen Fahrzeugs lässt sich nun über das Kräftegleichgewicht die Bewegungsgleichung des Fahrzeugs für die Verwendung in der Simulation ableiten:

$$m \cdot X_f = -F_R - F_L \tag{5}$$

3.3.   Das Blockschaltbild

Folgende Abbildung zeigt das Blockschaltbild für die Simulation. Dieses Schaltbild basiert auf den in Abschnitt 3.2. hergeleiteten Bewegungsgleichungen.

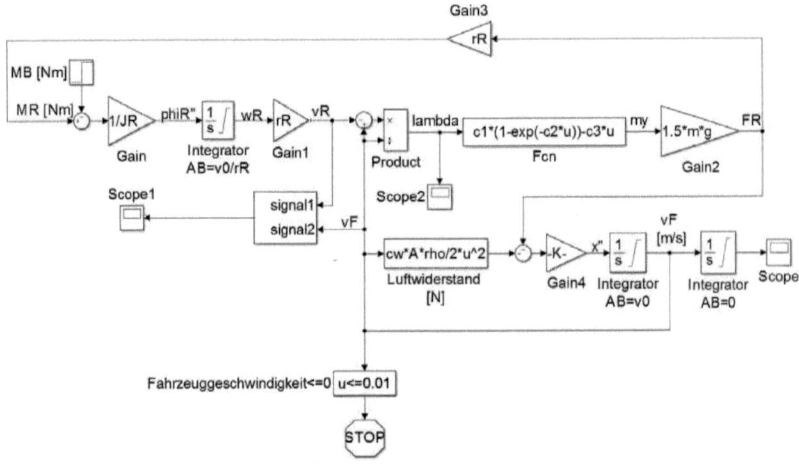

Abbildung 3 Blockschaltbild zu Bremsvorgang ohne ABS[9]

---

[9] Vgl. Scherf, 2010, S. 27

3.4.   Beschreibung der Parameter und der Versuchsreihe (n = 6)

Durch Simulation des Bremsvorganges ohne ABS soll die Frage beantwortet werden, welcher Zusammenhang zwischen der Fahrzeugmasse, der Geschwindigkeit und dem Blockieren der Räder in Bezug auf den Bremsweg herrscht.

Dabei liegen der Simulation sowohl unveränderliche Annahmen als auch veränderliche Parameter zu Grunde.

Eine Übersicht über die konstanten Annahmen und Parameter zeigt nachfolgende Tabelle:

Tabelle 1 Übersicht über konstante Simulationsparameter

r_R	= 0,3	[m]	Reifenradius
J_R	= 0,8	[kg·m²]	Massenträgheitsmoment der Reifen
A	= 2	[m²]	Stirnfläche
C_w	= 0,3	[-]	Luftwiderstandsbeiwert
ρ	= 1,2	[kg/m³]	Luftdichte
g	= 9,81	[m/s²]	Erdbeschleunigung
C_1	= 0,86	[-]	Koeffizient für die Reibbeiwertberechnung
C_2	= 33,82	[-]	Koeffizient für die Reibbeiwertberechnung
C_3	= 0,36	[-]	Koeffizient für die Reibbeiwertberechnung

Um einen Zusammenhang ableiten zu können, wurden die Veränderungen der Parameter systematisch durchgeführt und nicht willkürlich gewählt.

Es werden sechs verschiedene Versuche durchgeführt, wobei jeweils Fahrzeugmasse und/oder Geschwindigkeit verändert werden.

Nachfolgende Tabelle enthält die Zusammenstellung der veränderlichen Versuchsparameter:

Tabelle 2 Übersicht über veränderliche Simulationsparameter

Versuch [-]	Fahrzeugmasse [kg]	Geschwindigkeit [km/h]
1	1500	100
2	1200	100
3	1800	100
4	1500	50
5	1200	50
6	1800	50

4. Simulation der Versuchsreihe und Ergebnisdarstellung

Die Simulationsparameter werden gemäß Tabelle 2 verändert. Um eine bessere Vergleichbarkeit zu erreichen, erfolgt eine systematische Veränderung zunächst der Masse (Versuche 1 – 3). In den weiteren Versuchen wird die Geschwindigkeit geändert.

4.1. Simulation des Bremsvorgangs ohne ABS

Nachfolgend werden die Simulationsergebnisse und die zugehörigen Graphen aufgeführt und analysiert. Eine großformatige Darstellung der Graphen ist dem Anhang zu entnehmen.

<u>Versuch 1</u>

Wie aus Tabelle 2 ersichtlich, erfolgt die erste Simulation unter der Annahme einer Fahrzeugmasse von 1500kg sowie einer Geschwindigkeit bei Einleitung der Vollbremsung von 100km/h.

Bei den gewählten Parametern ergibt sich ein Bremsweg, also der Weg bis zum vollständigen Stillstand des Fahrzeugs, von 47,04 Metern.

Bis zum vollständigen Stillstand vergehen 3,56 Sekunden.

Die nachfolgende Grafik stellt den Bremsweg in Abhängigkeit der Zeit grafisch dar:

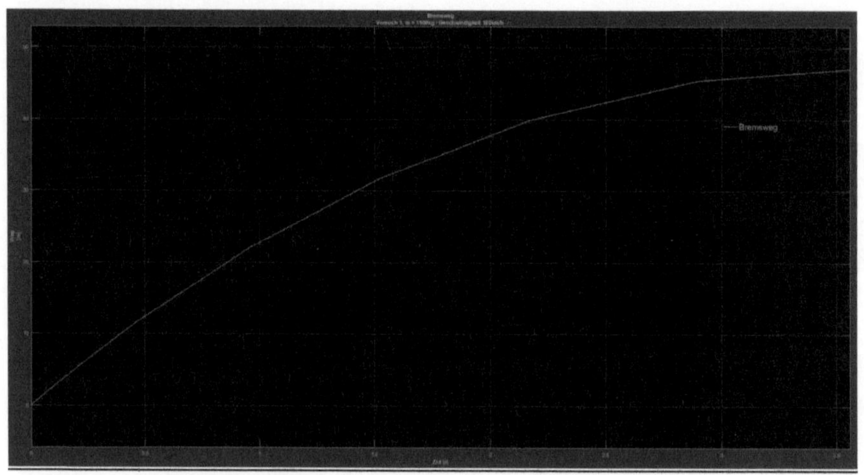

Abbildung 4 Bremsweg Versuch 1[10]

Neben dem Bremsweg wird auch das Verhalten der Räder in Bezug auf Blockieren untersucht.

Nachfolgende Grafik zeigt die Entwicklung der Geschwindigkeit des Fahrzeugs (blauer Graph) als auch die Geschwindigkeit der Räder (gelber Graph) als jeweils eigenen Graphen:

---

[10] Eigene Abbildung, erstellt mit MATLAB/Simulink

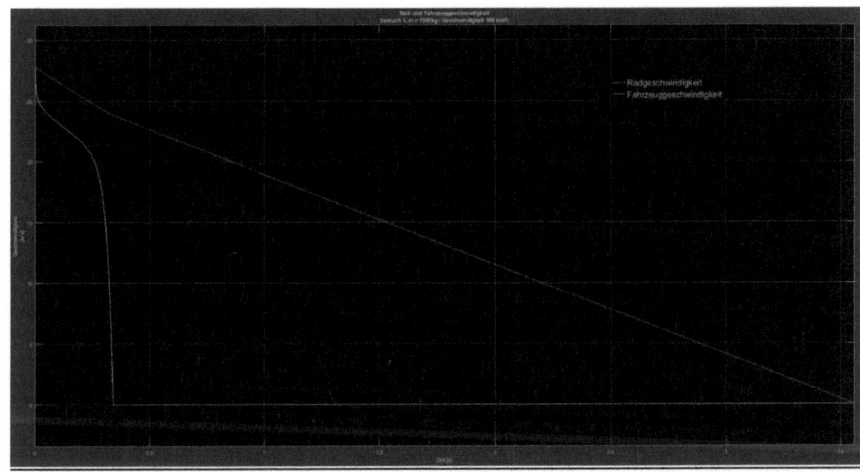

Abbildung 5 Rad- und Fahrzeuggeschwindigkeit Versuch 1[11]

Zu erkennen ist, dass die Fahrzeuggeschwindigkeit annähernd konstant abnimmt. Die Radgeschwindigkeit hingegen fällt nach etwa 0,34 Sekunden schlagartig auf null ab. Das bedeutet, dass nach etwa 0,34 Sekunden die Räder vollständig bis zum Stillstand des Fahrzeugs blockieren.

<u>Versuch 2</u>

In der zweiten Simulation wird der Parameter „Fahrzeuggewicht" auf 1200kg reduziert. Die Geschwindigkeit von 100km/h wird zunächst beibehalten.

Die geringere Masse führt zu einer Verlängerung des Bremsweges um über 4 Meter auf 51,20 Meter. Der gesamte Bremsvorgang dauert ca. 3,72 Sekunden.

Zunächst muss also festgehalten werden, dass die Reduzierung der Fahrzeugmasse zu schlechteren Bremswerten des Fahrzeugs führt.

Die folgende Abbildung stellt den Verlauf des Bremswegs über die Zeit grafisch dar:

---

[11] Eigene Abbildung, erstellt mit MATLAB/Simulink

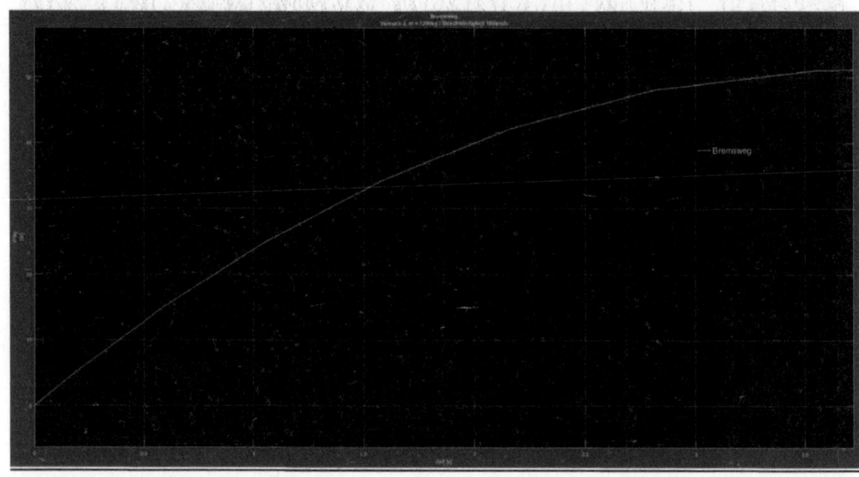

Abbildung 6 Bremsweg Versuch 2[12]

In der grafischen Darstellung von Rad- und Fahrzeuggeschwindigkeit wird ersichtlich, dass es im Vergleich zum ersten Versuch zu einem deutlich früheren Blockieren und somit zum Radstillstand kommt. Der Stillstand der Räder tritt demnach nach etwa 0,046 Sekunden ein.

Abbildung 7 Rad- und Fahrzeuggeschwindigkeit Versuch 2[13]

---

[12] Eigene Abbildung, erstellt mit MATLAB/Simulink
[13] Eigene Abbildung, erstellt mit MATLAB/Simulink

<u>Versuch 3</u>

Nach den ersten beiden Versuchen liegt die Vermutung nahe, dass eine Verringerung des Fahrzeuggewichts bei ansonsten gleichbleibenden Parametern zu einer Verschlechterung des Bremsverhaltens führt.

In Versuch soll untersucht werden, wie sich eine Erhöhung des Gewichts auswirkt. Hierzu wird die Fahrzeugmasse bei gleichbleibender Geschwindigkeit von 100km/h auf 1800kg angehoben.

Die Grafik zeigt dabei einen ähnlichen Kurvenverlauf wie in den beiden ersten Versuchen. Allerdings kommt das Fahrzeug bereits nach 2,8 Sekunden und 38,8 Metern zum Stillstand.

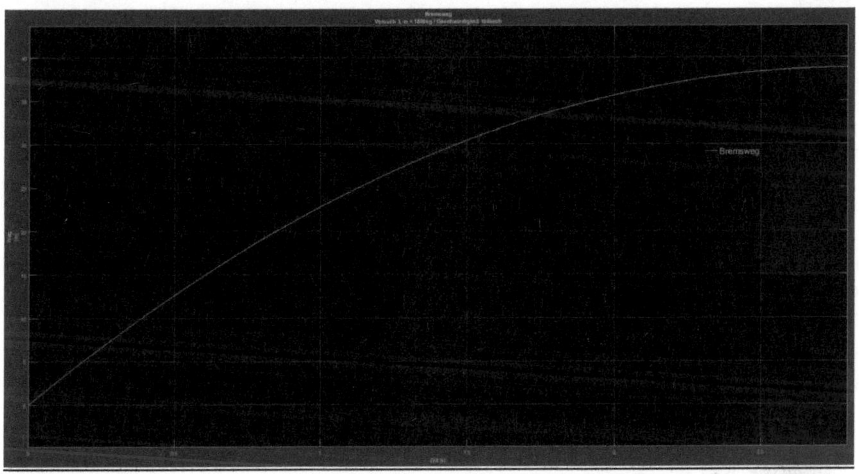

Abbildung 8 Bremsweg Versuch 3[14]

Somit kann bislang gesagt werden, dass sich in den drei Versuchen das Bremsverhalten mit zunehmendem Fahrzeuggewicht verbessert hat.

Vergleicht man die grafischen Auswertungen der Bremswege aller drei Versuche, so erkennt man keine gravierenden Unterschiede.

Dies ist bei Betrachtung grafischen Darstellung der Rad- und Fahrzeuggeschwindigkeit anders. Hier fällt sofort auf, dass die Radgeschwindigkeit zwar in den ersten Sekundenbruchteilen nach Einleitung des Bremsvorgangs schlagartig um etwa 2m/s sinkt, sich dann aber analog der Fahrzeuggeschwindigkeit linear verringert und mit dem Fahrzeug zusammen zum Stillstand kommt.

Somit ist klar zu erkennen, dass es im dritten Versuch zu keiner vollständigen Blockade des Rads gekommen ist.

---

[14] Eigene Abbildung, erstellt mit MATLAB/Simulink

Nachfolgende Abbildung zeigt den Verlauf von Rad- und Fahrzeuggeschwindigkeit aus Versuch 3:

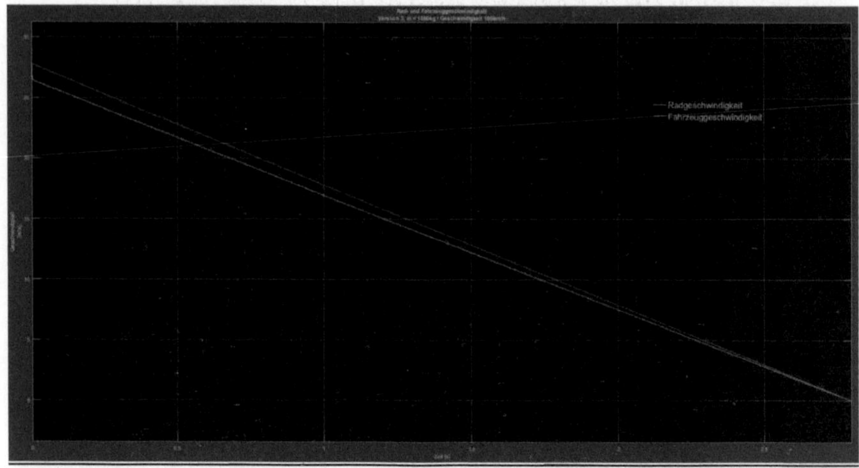

Abbildung 9 Rad- und Fahrzeuggeschwindigkeit Versuch 3[15]

Aus den ersten drei Versuchen lässt sich eine erst Hypothese formulieren, dass nämlich augenscheinlich der Bremsweg in direktem Zusammenhang mit der Fahrzeugmasse sowie einem Blockieren der Räder in Verbindung steht.

Inwiefern auch die Geschwindigkeit eine Rolle spielt, soll in den folgenden Versuchen untersucht werden.

<u>Versuch 4</u>

In Versuch 4 wird die Fahrzeugmasse analog Versuch 1 auf 1500kg gesetzt. Die Geschwindigkeit hingegen wird auf 50km/h halbiert.

Wie Abbildung 10 zeigt, liegt der Bremsweg auf Grund der geringeren Geschwindigkeit mit 11,86 Metern und einer Dauer von 1,79 Sekunden deutlich unter den Werten aus Versuch 1:

---

[15] Eigene Abbildung, erstellt mit MATLAB/Simulink

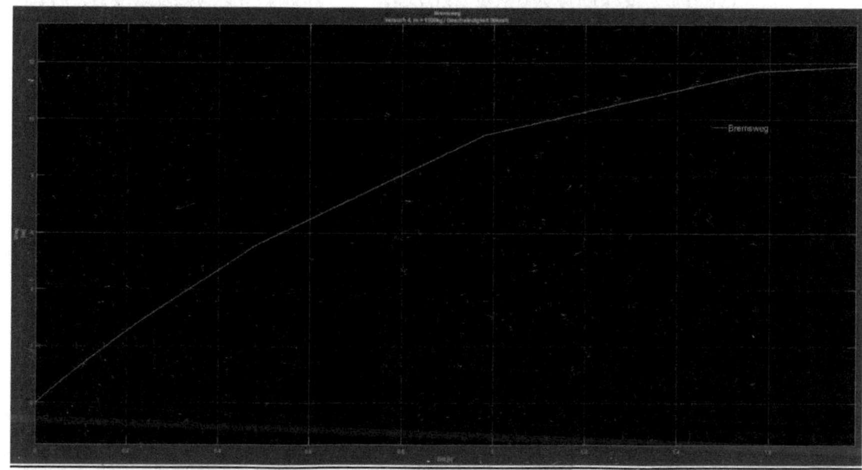

Abbildung 10 Bremsweg Versuch 4[16]

Betrachtet man die Rad- und Fahrzeuggeschwindigkeiten ähnelt der Verlauf bei halbierter Geschwindigkeit sehr dem Verlauf aus Versuch 1.

Es kommt erneut nach kurzer Zeit zu einem Blockieren der Räder. Die nähere Betrachtung zeigt, dass die Räder nach 0,17 Sekunden vollständig stillstehen. Dies zeigt, dass eine Halbierung der Geschwindigkeit zu einer doppelt so schnellen Blockade der Räder führen.

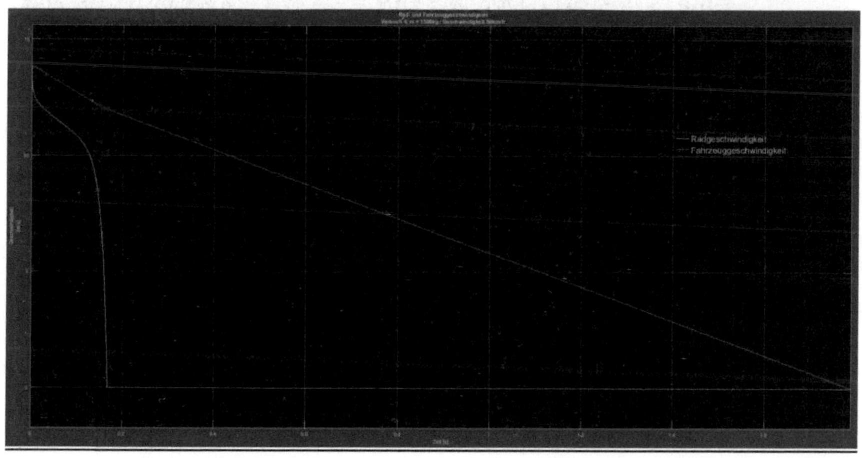

Abbildung 11 Rad- und Fahrzeuggeschwindigkeit Versuch 4[17]

---

[16] Eigene Abbildung, erstellt mit MATLAB/Simulink

14

<u>Versuch 5</u>

Analog zu Versuch 2 wird die Fahrzeugmasse auf 1200kg reduziert und die Geschwindigkeit bei 50km/h belassen. In Versuch 2 führte allein die Veränderung der Masse zu einer Verschlechterung des Bremsverhaltens.

Die Auswertung des Bremswegs bestätigt die oben getroffene Vermutung, dass ein leichteres Fahrzeug bei einem Bremsvorgang ohne ABS ein schlechteres Verhalten zeigt.

Der Bremsweg beträgt in dieser Simulation 12,94 Meter, der gesamte Bremsvorgang dauert 1,87 Sekunden wie aus der folgenden Abbildung ersichtlich wird:

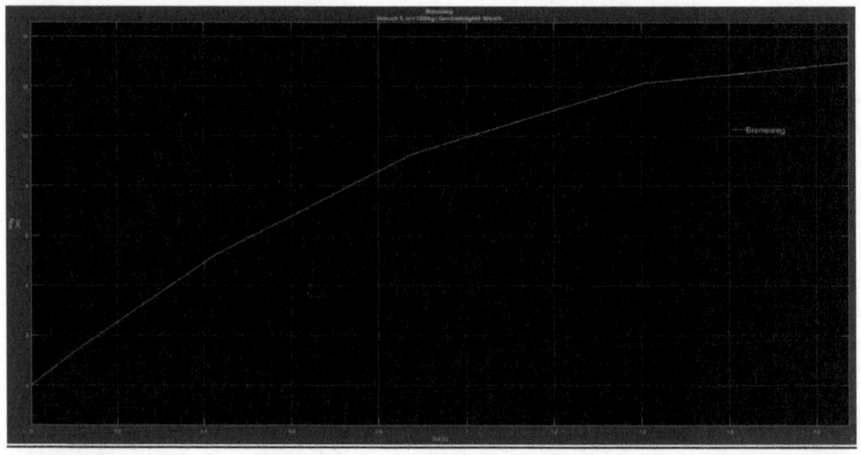

Abbildung 12 Bremsweg Versuch 5[18]

In Versuch 2 führte eine Verringerung des Fahrzeuggewichts zu einer schnelleren Blockade der Räder. Die Analyse der Rad- und Fahrzeuggeschwindigkeit aus Versuch 5 bestätigt den Zusammenhang zwischen Blockade und Gewicht. Denn auch bei einer geringeren Geschwindigkeit von 50km/h kommt es zu einer Blockade des Rads.

Es wird ersichtlich, dass sich auch in diesem Versuch die Zeit bis zum Eintritt der Radblockade bei halbierter Geschwindigkeit ebenso halbiert und nach 0,023 Sekunden erreicht ist.

Nachfolgende Abbildung zeigt die Graphen der Rad- und Fahrzeuggeschwindigkeit in Abhängig der Zeit:

---

[17] Eigene Abbildung, erstellt mit MATLAB/Simulink
[18] Eigene Abbildung, erstellt mit MATLAB/Simulink

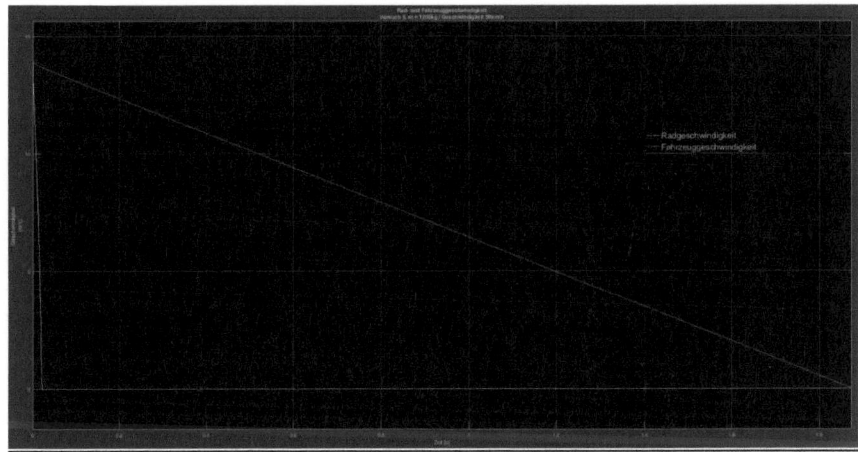

Abbildung 13 Rad- und Fahrzeuggeschwindigkeit Versuch 5[19]

Versuch 6

In Versuch 6 wird die Geschwindigkeit bei 50km/h belassen, die Masse des Fahrzeugs jedoch wieder auf 1800kg erhöht. Folgende Abbildung zeigt den grafischen Verlauf des Bremswegs:

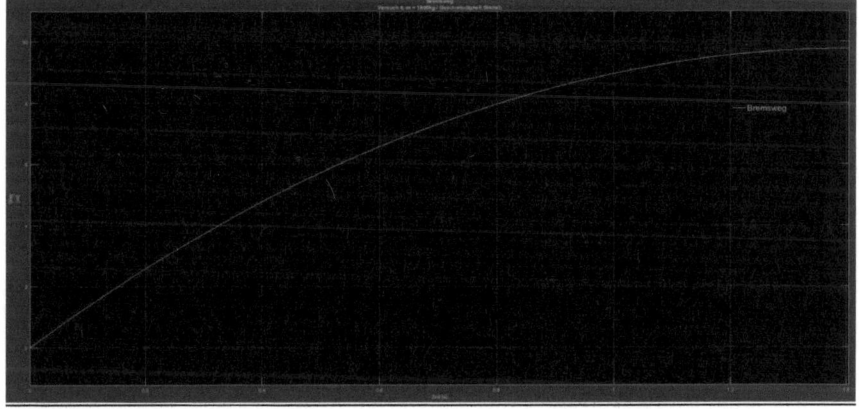

Abbildung 14 Bremsweg Versuch 6[20]

---

[19] Eigene Abbildung, erstellt mit MATLAB/Simulink
[20] Eigene Abbildung, erstellt mit MATLAB/Simulink

Wie auch in den „100km/h-Versuchen" erzielt das schwerste Fahrzeug mit einem Bremsweg von 9,76 Metern und einer Dauer von 1,4 Sekunden bis zum Stillstand das beste Ergebnis.

Erneut liegt ein gravierender Unterschied zu den vorangegangen beiden Versuchen im Verlauf der Rad- und Fahrzeuggeschwindigkeit, wie Abbildung 15 zeigt:

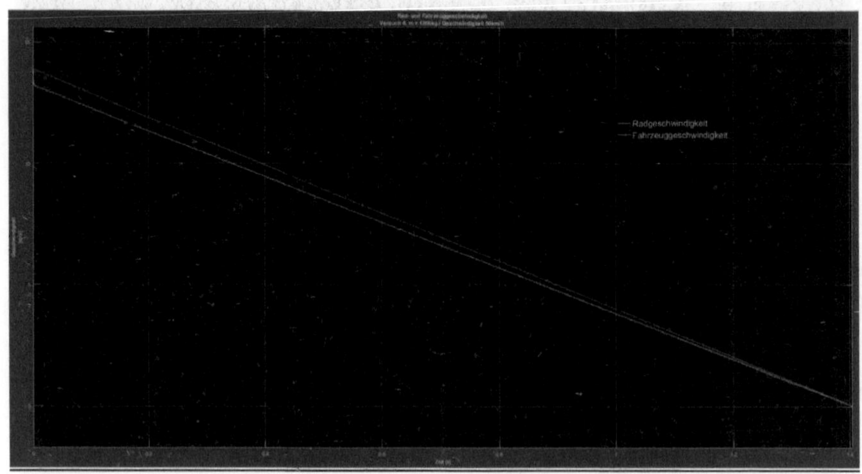

Abbildung 15 Rad- und Fahrzeuggeschwindigkeit Versuch 6[21]

Zu Beginn des Bremsvorgangs reduziert sich die Radgeschwindigkeit im Vergleich zum Fahrzeug schlagartig um etwa 1,2 m/s und verläuft anschließend linear, sich der Fahrzeuggeschwindigkeit annähernd, bis zum Stillstand. Rad und Fahrzeug kommen gleichzeitig zum Stillstand. Somit kommt es trotz geringerer Geschwindigkeit bei einer größeren Fahrzeugmasse ebenfalls zu keiner Blockade der Reifen.

---

[21] Eigene Abbildung, erstellt mit MATLAB/Simulink

4.2. Ergebnisdiskussion und Schlussfolgerungen

Die nachfolgende Tabelle fasst die untersuchten Kennwerte und Ergebnisse der sechs Versuche nochmals übersichtlich zusammen.

Tabelle 3 Übersicht über Versuchsparameter und Ergebnisse

Versuch [-]	Fahrzeugmasse [kg]	Geschwindigkeit [km/h]	Zeit bis Stillstand [s]	Zeit bis Reifenblockade [s]	Bremsweg [m]
1	1500	100	3,56	0,34	47,04
2	1200	100	3,72	0,046	51,2
3	1800	100	2,8	-	38,8
4	1500	50	1,79	0,17	11,86
5	1200	50	1,87	0,023	12,94
6	1800	50	1,4	-	9,76

In den Versuchen wurden Bremsvorgänge ohne ABS bei unterschiedlichen Fahrzeuggewichten und Geschwindigkeiten untersucht.

Betrachtet man die Ergebnisse der Simulationen in Abhängigkeit der veränderten Parameter ergibt sich ein direkter Zusammenhang zwischen dem Fahrzeuggewicht, einem eventuellen Blockieren der Räder und dem daraus resultierenden Bremsweg.

Der in der Praxis sicherlich bedeutendste Wert ist der Bremsweg. Folgende Diagramme zeigen nochmals den Vergleich der Bremswege aus den durchgeführten Versuchen.

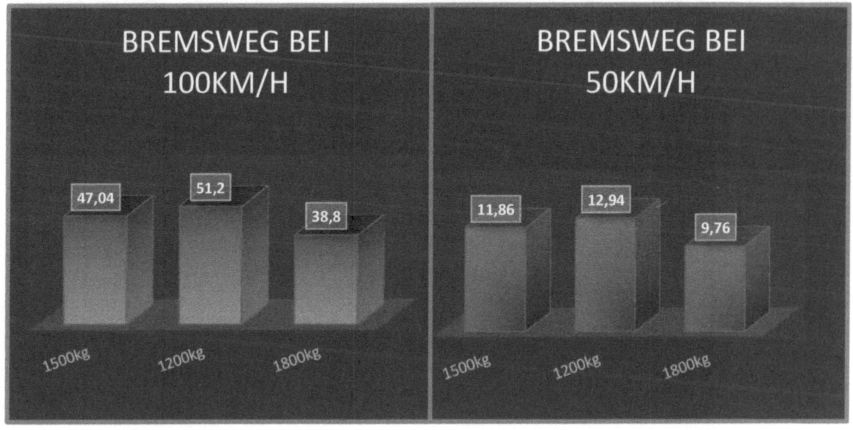

Abbildung 16 Vergleich der Bremswege[22]

---

[22] Eigene Abbildung, erstellt mit Microsoft Excel 2010

Natürlich sinkt erwartungsgemäß mit sinkender Geschwindigkeit auch der Bremsweg. So ist der Bremsweg erwartungsgemäß bei 50km/h deutlich kürzer als bei der doppelten Geschwindigkeit. Das Hauptaugenmerk hat sich im Laufe der Versuche jedoch weniger auf die Geschwindigkeit, sondern mehr auf das Gewicht des Fahrzeugs verlagert.

Wie die Ergebnisse zeigen, verkürzt sich der Bremsweg ohne ABS mit steigendem Fahrzeuggewicht.

Eine Erklärung für dieses Verhalten liefern die Untersuchungen des Blockadeverhaltens der Räder. So lässt sich aus den Versuchen ableiten, dass mit sinkendem Fahrzeuggewicht die Reifen immer stärker und auch schneller zu einer vollständigen Radblockade neigen, wobei das Blockieren der Räder beim Bremsvorgang eine negative Auswirkung auf den Bremsweg selbst hat.

Zusammenfassend lässt sich also sagen, dass der Bremsweg sich umso mehr verschlechtert umso länger die Reifen vollständig blockieren, wobei dieses Blockieren in Abhängigkeit des Fahrzeuggewichts steht und umso schneller eintritt umso leichter das Fahrzeug ist.

Eine Empfehlung für Bremsungen ohne ABS kann in der Praxis lediglich darauf hinauslaufen, dass ein Blockieren der Räder beim Bremsvorgang unbedingt vermieden werden sollte. Das sogenannte „Stotterbremsen" soll das gewährleisten. Diese Bremstechnik greift genau an dem Punkt der blockierenden Räder an, denn sobald dies geschieht, sollte der Bremsdruck gelöst werden um ein Weiterrollen der Räder zu gewährleisten.

Unabhängig des längeren Bremswegs erfolgt durch das Blockieren der Räder ein erheblicher, punktueller Materialabrieb was bis hin zu einem Raddefekt führen kann.

Eine weitere Möglichkeit bestünde, jedenfalls aus rein theoretischer Sicht, in der Erhöhung des Fahrzeuggewichts. Hier könnte das Fahrzeug stets an der oberen Zuladungsgrenze beladen sein, um ein Blockieren der Räder zu vermeiden bzw. mindestens zu verzögern. Allerdings ist diese Lösung wohl in der Praxis kaum umsetzbar, vor allem da hiermit negative Auswirkungen auf Spritverbrauch und Schadstoffausstoß einhergehen.

Kritisch anzumerken ist an der Versuchsreihe, dass die Versuche reale Einflussfaktoren wie nasse oder schneebedeckte Fahrbahnen nicht berücksichtigen. Die vorliegenden Simulationen beruhen auf der Annahme einer trockenen Asphaltstraße. Auf einer rutschigen Straße kann sich der Wagen unter Umständen vollkommen anders verhalten.

Für das Bremsverhalten kann dennoch bei einem fehlenden ABS die Empfehlung gegeben werden, dass ein Blockieren der Räder während des Bremsvorgangs ohne ABS vermieden werden sollte.

5. Zusammenfassung

Finalziel der vorliegenden Arbeit ist die Ableitung einer Empfehlung für das Verhalten bei einer Notbremsung mit einem Fahrzeug ohne ABS.

Hierzu wurde das für die Simulation benötigte Blockschaltbild entwickelt und mit verschiedenen Eingangsparametern simuliert.

Die durchgeführten Simulationen für einen Bremsvorgang ohne ABS haben gezeigt, dass nicht vorrangig die Geschwindigkeit, sondern vielmehr das Fahrzeuggewicht ein entscheidendes Kriterium ist. So wurde gezeigt, dass ein leichteres Fahrzeug bei einer Notbremsung ohne ABS deutlich später zum Stehen kommt wie ein vergleichbares, schwereres Fahrzeug aus gleicher Geschwindigkeit heraus.

Natürlich verkürzt sich der Bremsweg bei geringeren Geschwindigkeiten, dennoch bremst im relativen Vergleich ohne ABS ein schwereres Fahrzeug deutlich besser und schneller als ein leichterer Wagen.

Es hat sich gezeigt, dass die Räder eines leichteren Fahrzeugs umso schneller blockieren umso leichter der Wagen ist. Bei schweren Fahrzeug kommt es zu keiner Blockade.

Dass das schwerste Fahrzeug ohne ABS den besten Bremsweg erreicht, zeigt welchen Einfluss eine Blockade der Räder für den Bremswegvorgang hat und dass genau solch eine Blockade den Bremsvorgang unnötig verlängert.

Daher kann Fahrern ohne ABS empfohlen werden, bei einer Notbremsung über das sogenannte „Stotterbremsen" ein Blockieren der Räder zu vermeiden und so einen optimalen Bremsweg trotz fehlendem ABS zu erreichen.

6. Literaturverzeichnis

Benker, H. (2010). *Ingenieurmathematik kompakt - Problemlösungen mit MATLAB*. Berlin: Springer.

Burger, M. (2006). Mathematische Modellierung. (U. Münster, Hrsg.) Abgerufen am 15. August 2016 von https://wwwmath.uni-muenster.de/num/Vorlesungen/Modellierung_06/skript.pdf

Landesbildungsserver Baden-Württemberg. (kein Datum). Von Was ist ein Modell?: http://www.schule-bw.de/unterricht/faecher/chemie/medik/modell/mod1.html abgerufen

Scherf, H. (2010). *Modellbildung und Simulation dynamischer Systeme*. s.l.: Oldenbourg Wissenschaftsverlag.

Statistisches Bundesamt. (kein Datum). Abgerufen am 13. August 2016 von https://www.destatis.de/DE/ZahlenFakten/Wirtschaftsbereiche/TransportVerkehr/UnternehmenInfrastrukturFahrzeugbestand/Tabellen/Fahrzeugbestand.html

7. Tabellen- und Abbildungsverzeichnis

Tabellen

Abbildungen

A1 großformatige Plots der Simulationsdiagramme

23

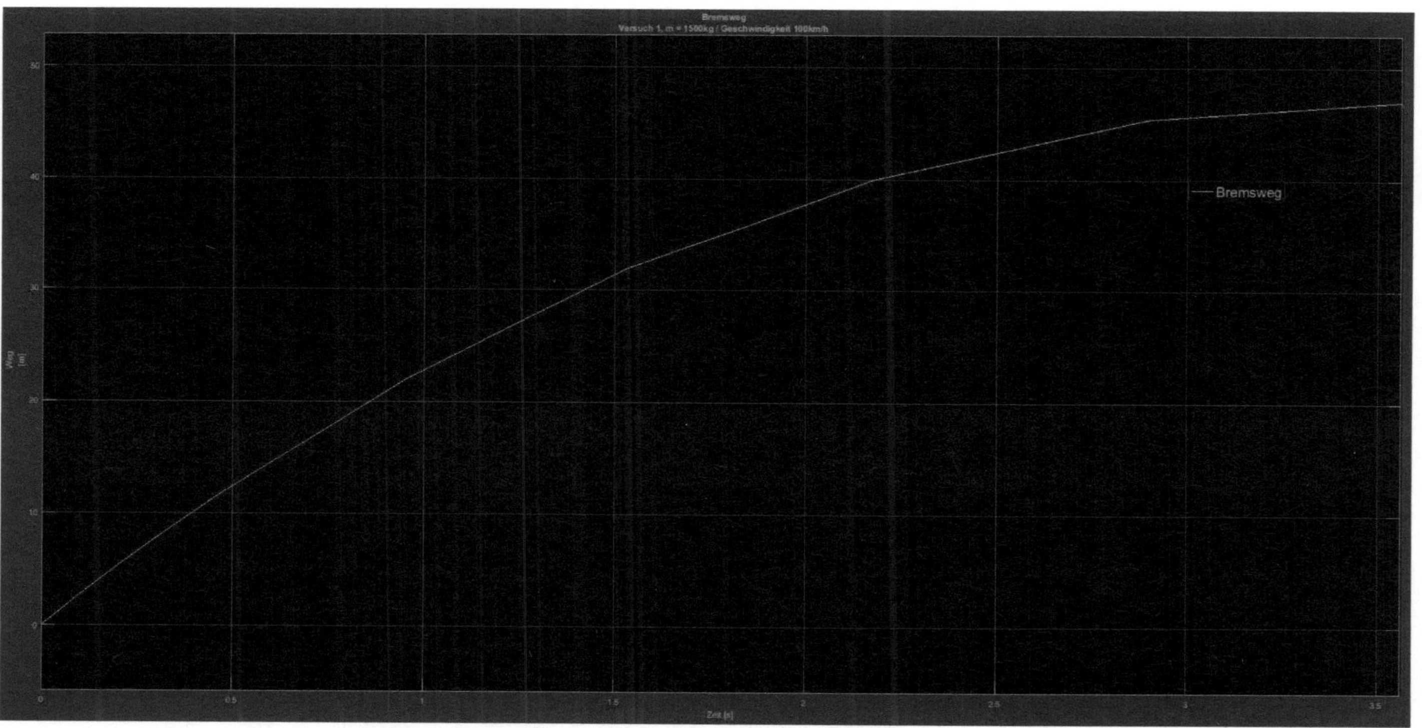

Bremsweg
Versuch 1, m = 1500kg / Geschwindigkeit 100km/h
Weg [m]
Zeit [s]
Bremsweg

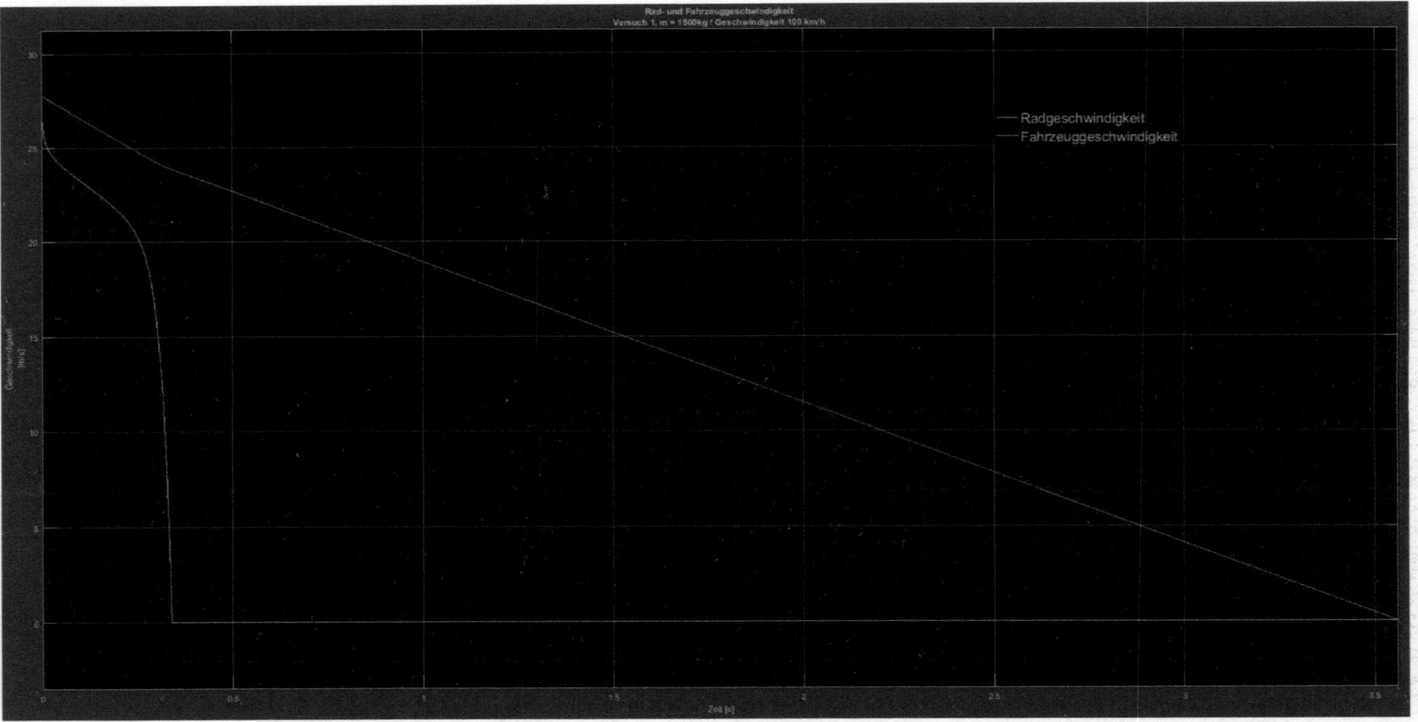

Rad- und Fahrzeuggeschwindigkeit
Versuch 1, m = 1500kg / Geschwindigkeit 100 km/h
Radgeschwindigkeit
Fahrzeuggeschwindigkeit
Geschwindigkeit [m/s]
Zeit [s]

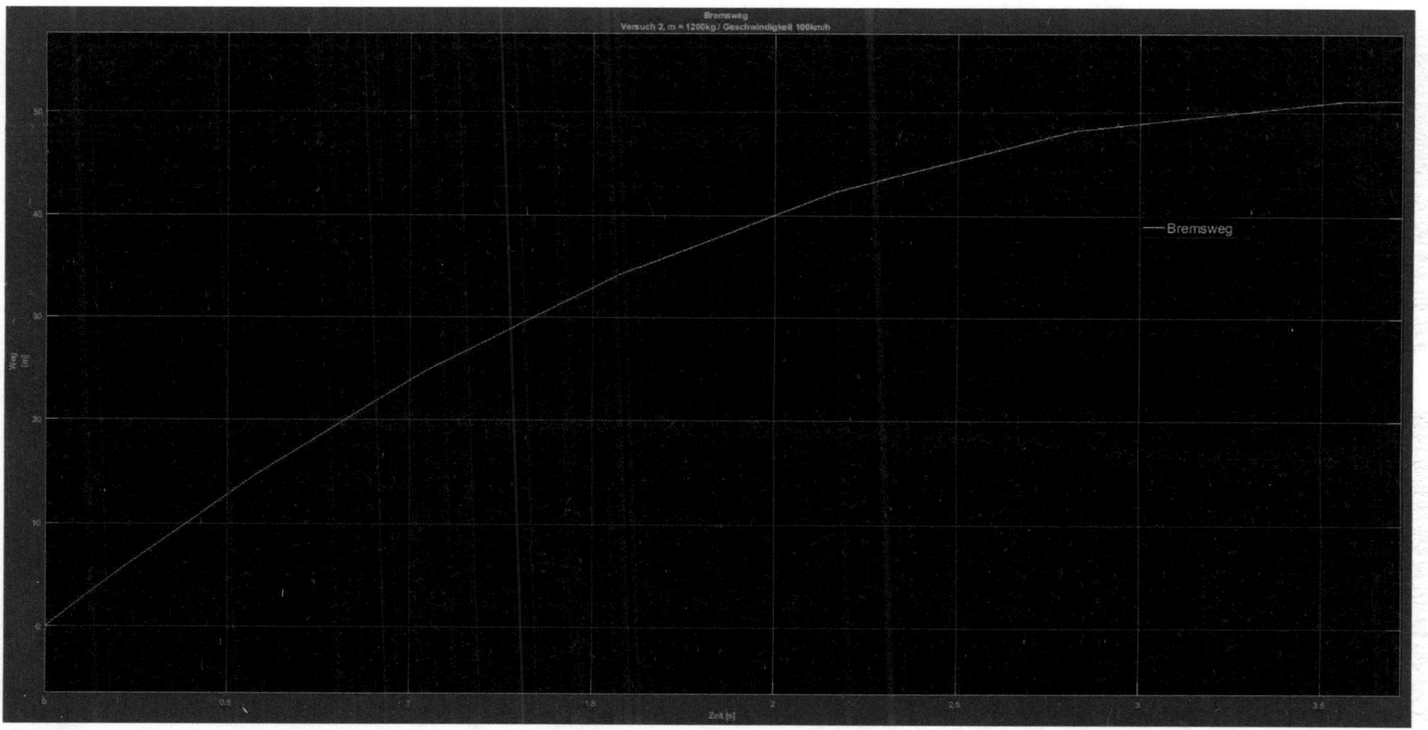

Bremsweg
Versuch 2, m = 1200kg / Geschwindigkeit 100km/h
Bremsweg
Weg [m]
Zeit [s]

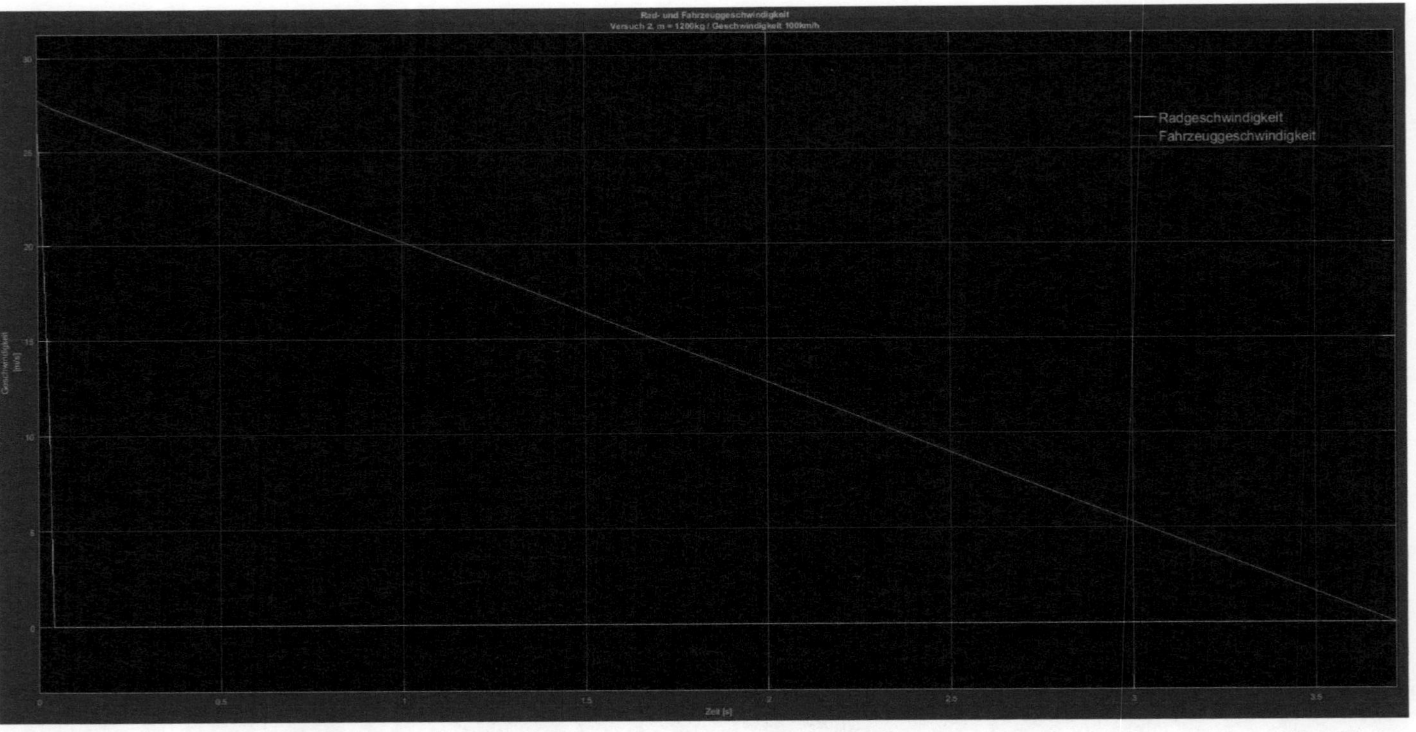

Rad- und Fahrzeuggeschwindigkeit
Versuch 2, m = 1200kg / Geschwindigkeit 100km/h
Radgeschwindigkeit
Fahrzeuggeschwindigkeit
Geschwindigkeit [m/s]
Zeit [s]

Bremsweg
Versuch 3, m = 1800kg / Geschwindigkeit 100km/h
Bremsweg
Weg [m]
Zeit [s]

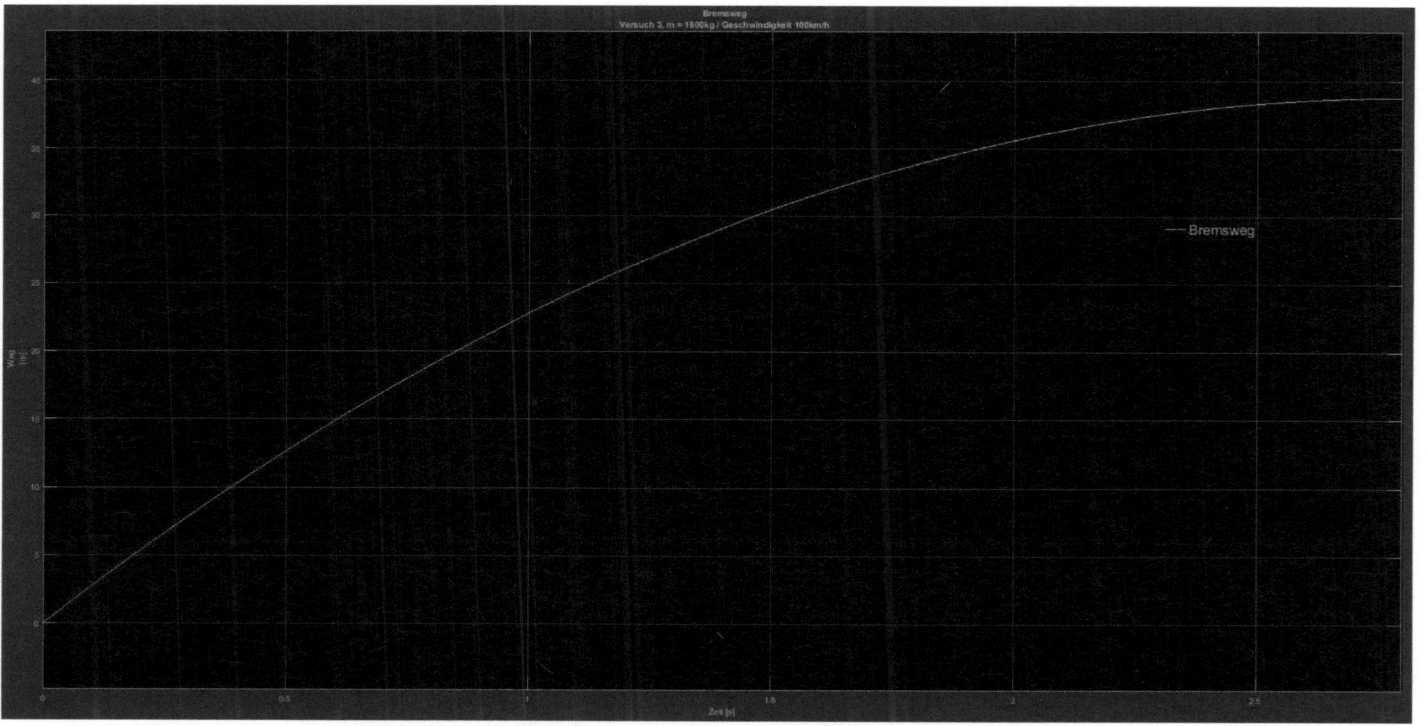

28

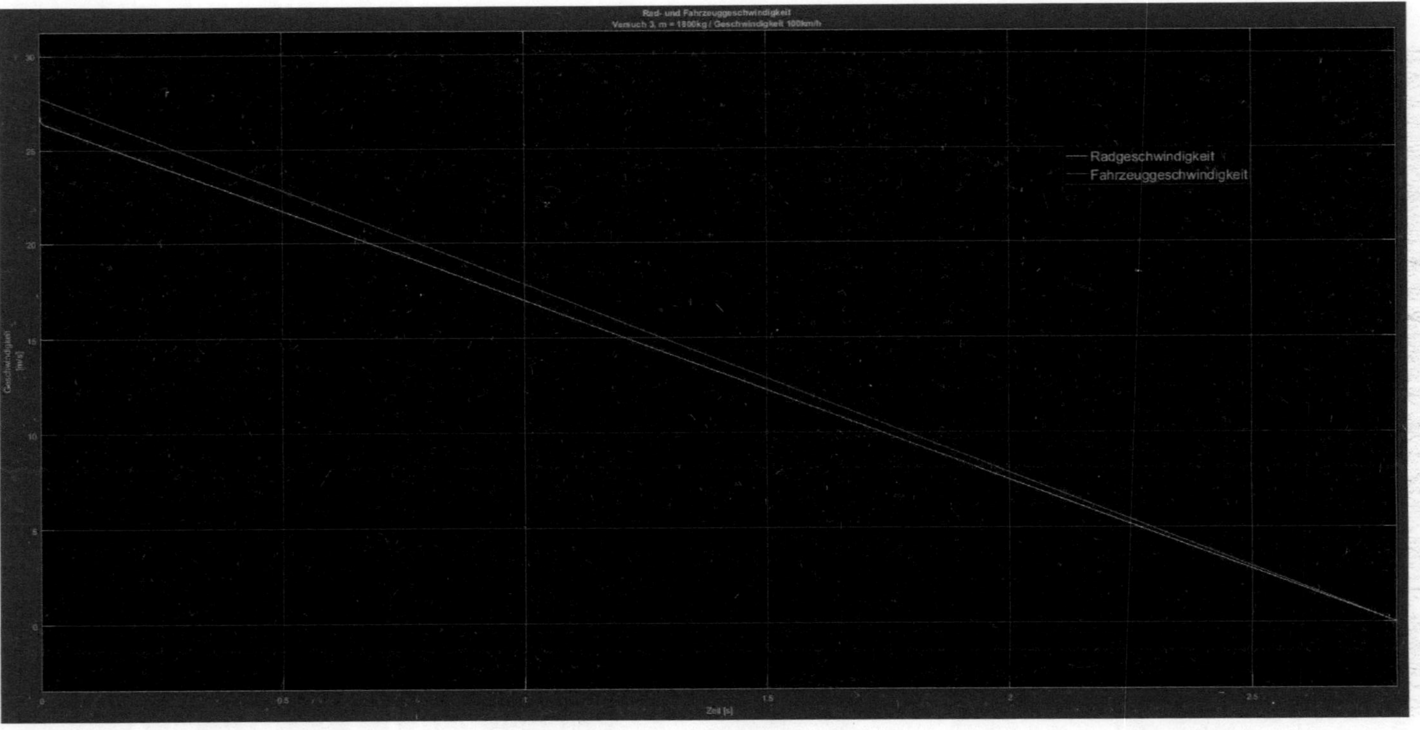

Rad- und Fahrzeuggeschwindigkeit
Versuch 3, m = 1800kg / Geschwindigkeit 100km/h
Radgeschwindigkeit
Fahrzeuggeschwindigkeit
Geschwindigkeit [m/s]
Zeit [s]

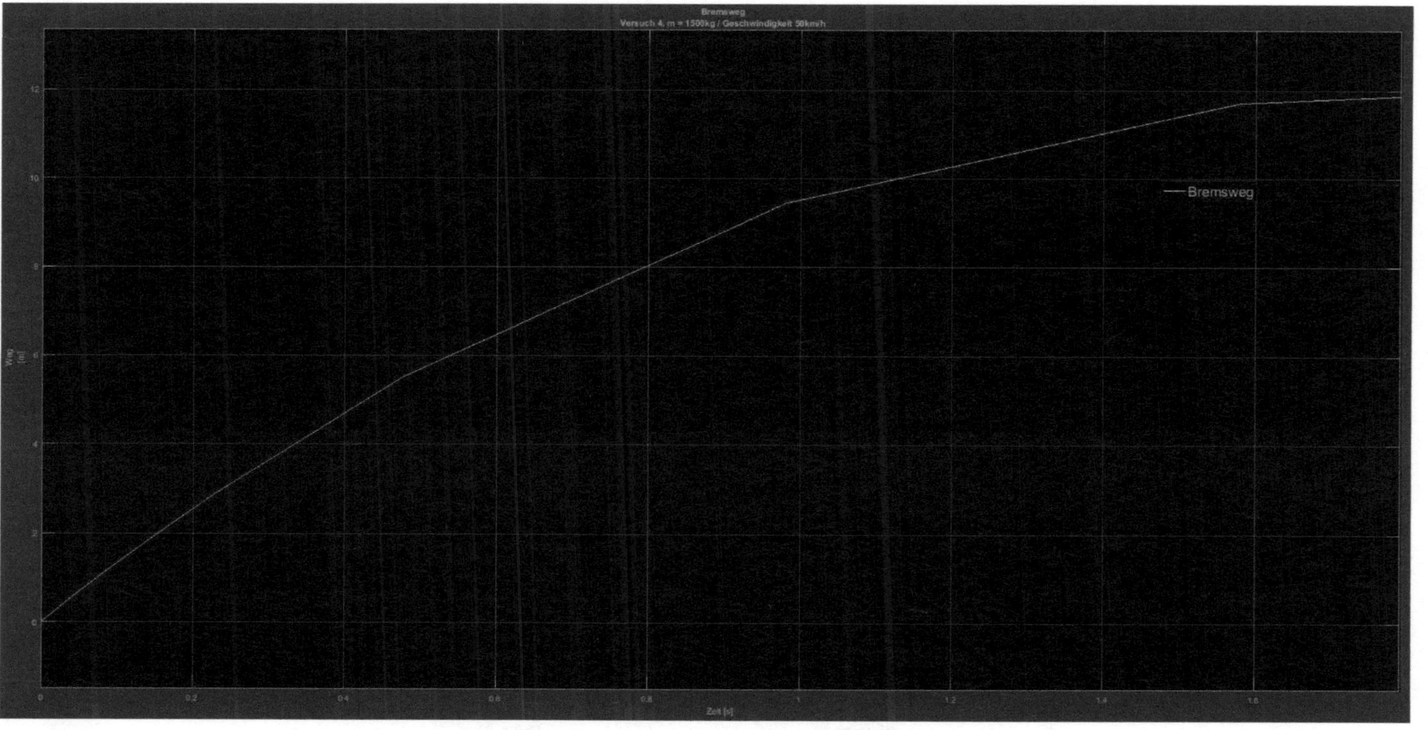

Bremsweg
Versuch 4, m = 1500kg / Geschwindigkeit 50km/h
Bremsweg
Weg [m]
Zeit [s]

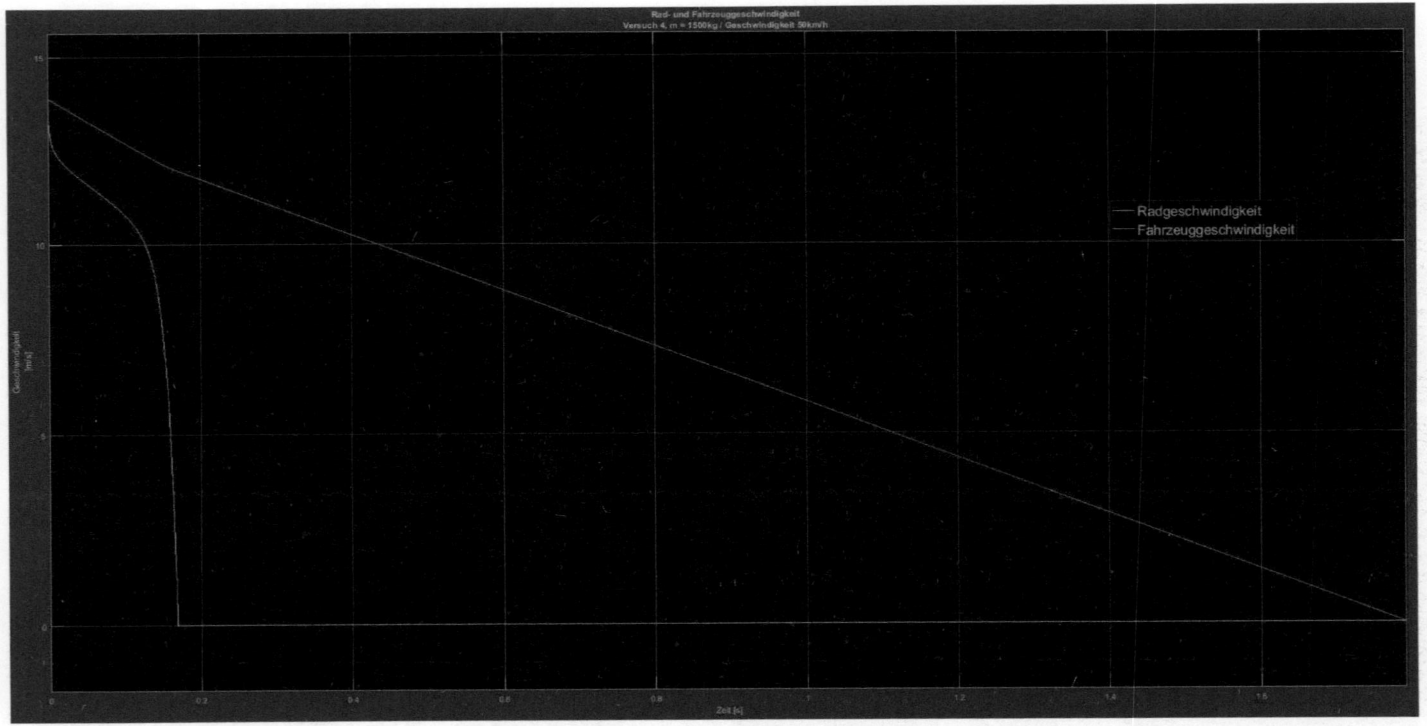

Rad- und Fahrzeuggeschwindigkeit
Versuch 4, m = 1500kg / Geschwindigkeit 50km/h
Geschwindigkeit [m/s]
Zeit [s]
Radgeschwindigkeit
Fahrzeuggeschwindigkeit

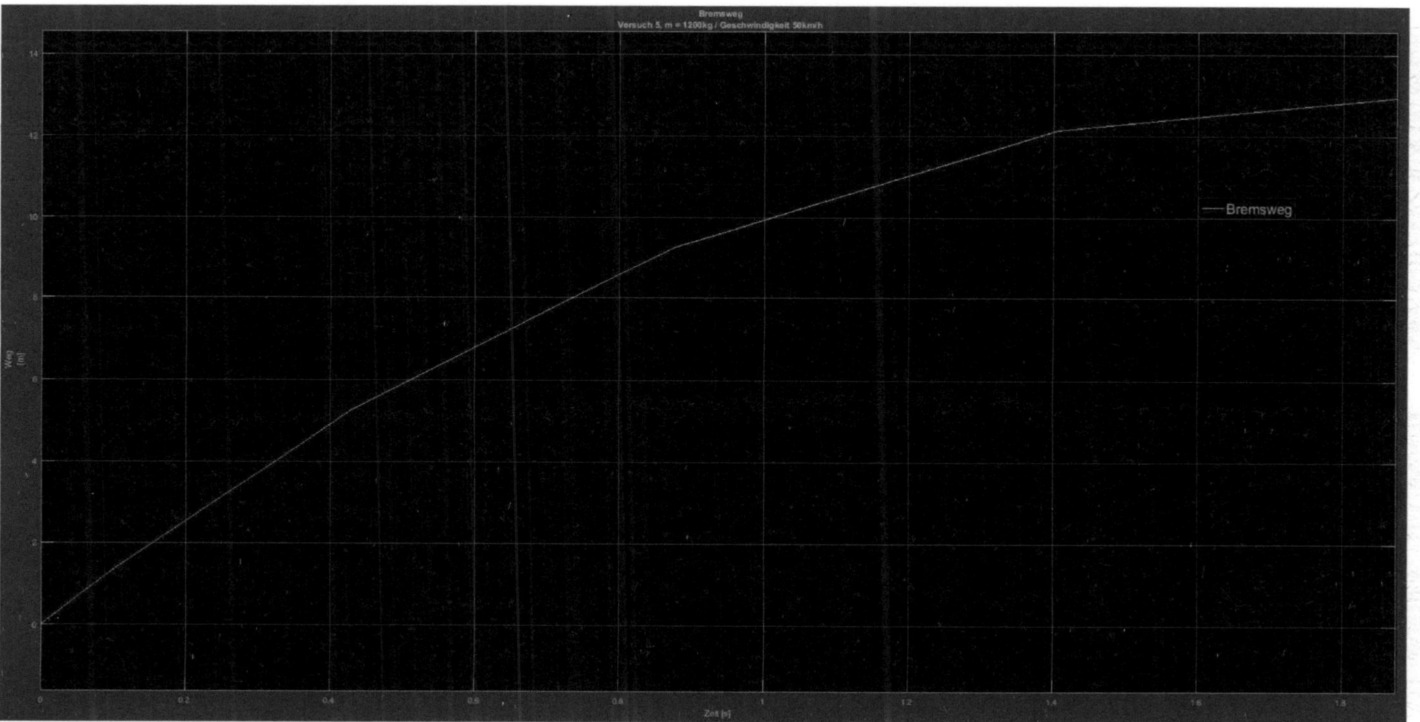
Bremsweg
Versuch 5, m = 1200kg / Geschwindigkeit 50km/h
Weg [m]
Zeit [s]
Bremsweg

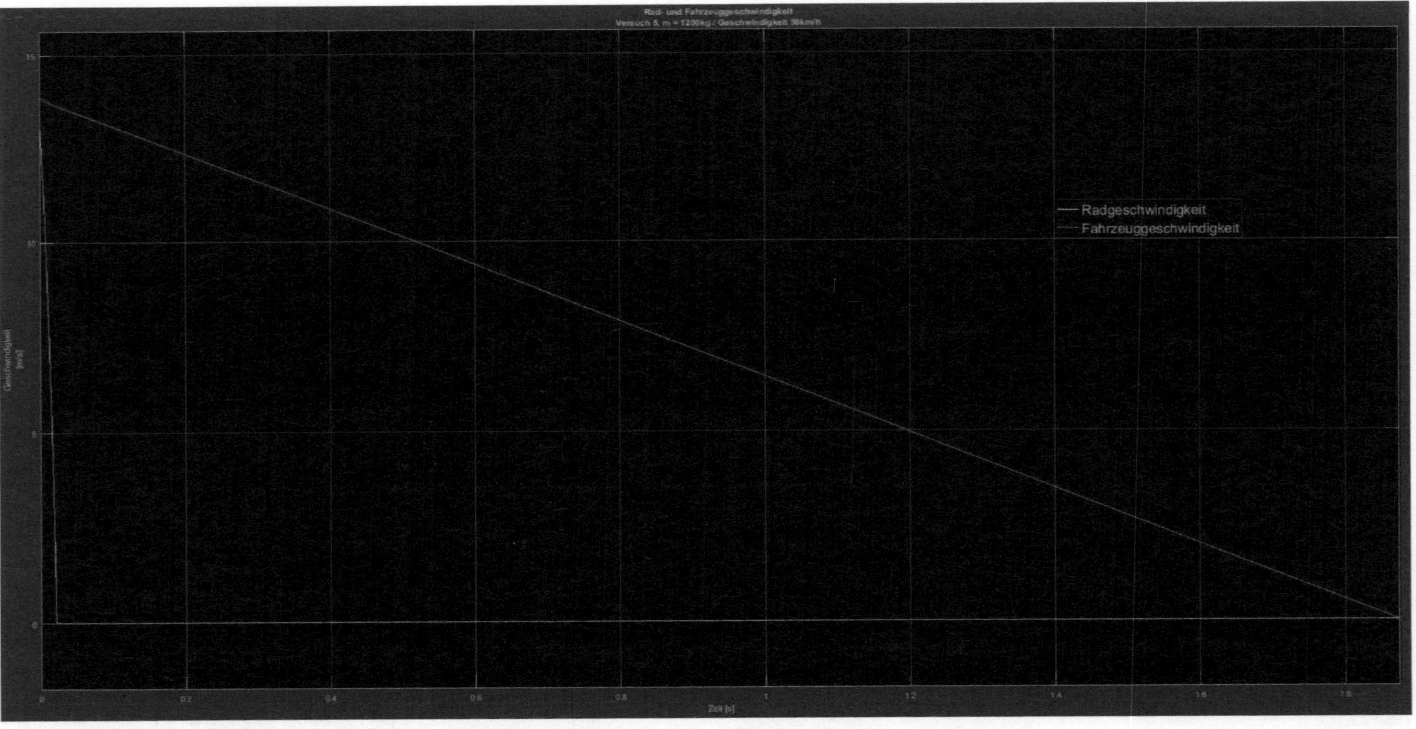

Rad- und Fahrzeuggeschwindigkeit
Versuch 5, m = 1200 kg / Geschwindigkeit 50 km/h
Radgeschwindigkeit
Fahrzeuggeschwindigkeit
Geschwindigkeit [km/h]
Zeit [s]

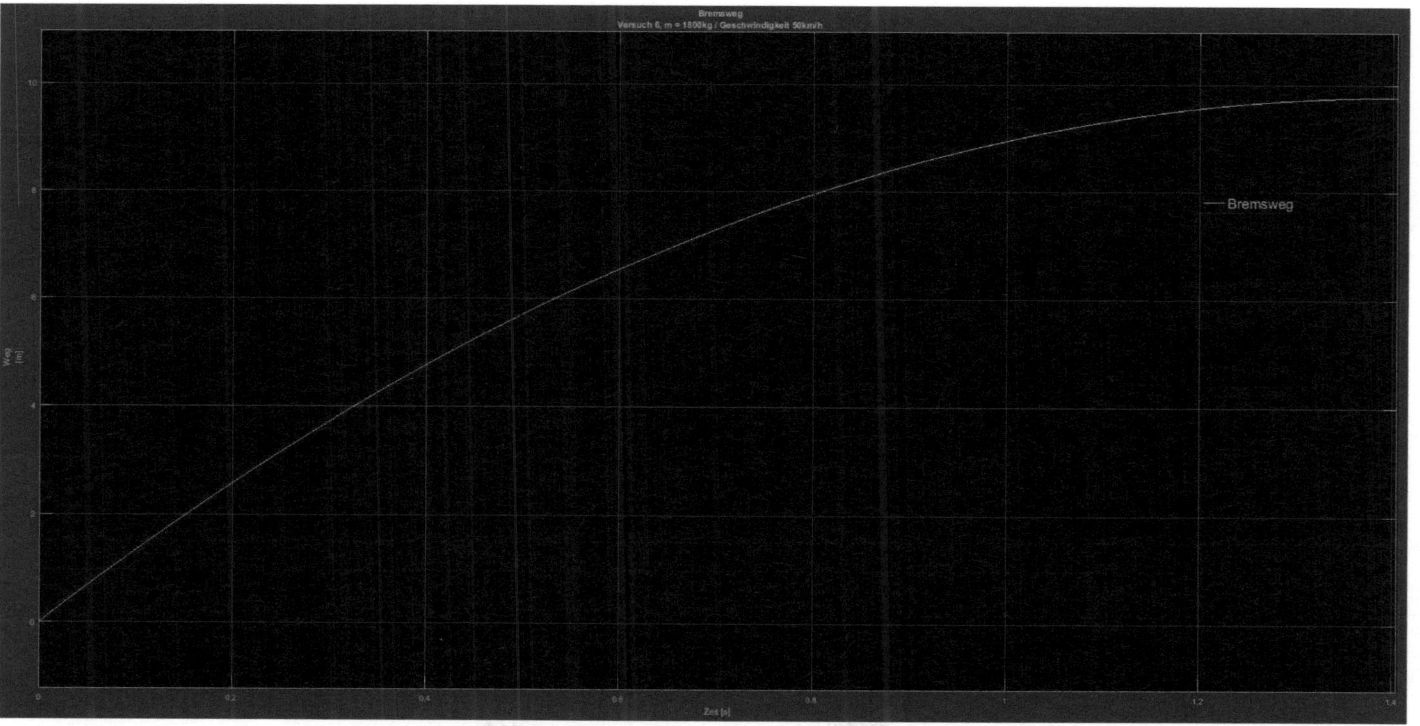

Bremsweg
Versuch 6, m = 1800kg / Geschwindigkeit 50km/h
Bremsweg
Weg [m]
Zeit [s]

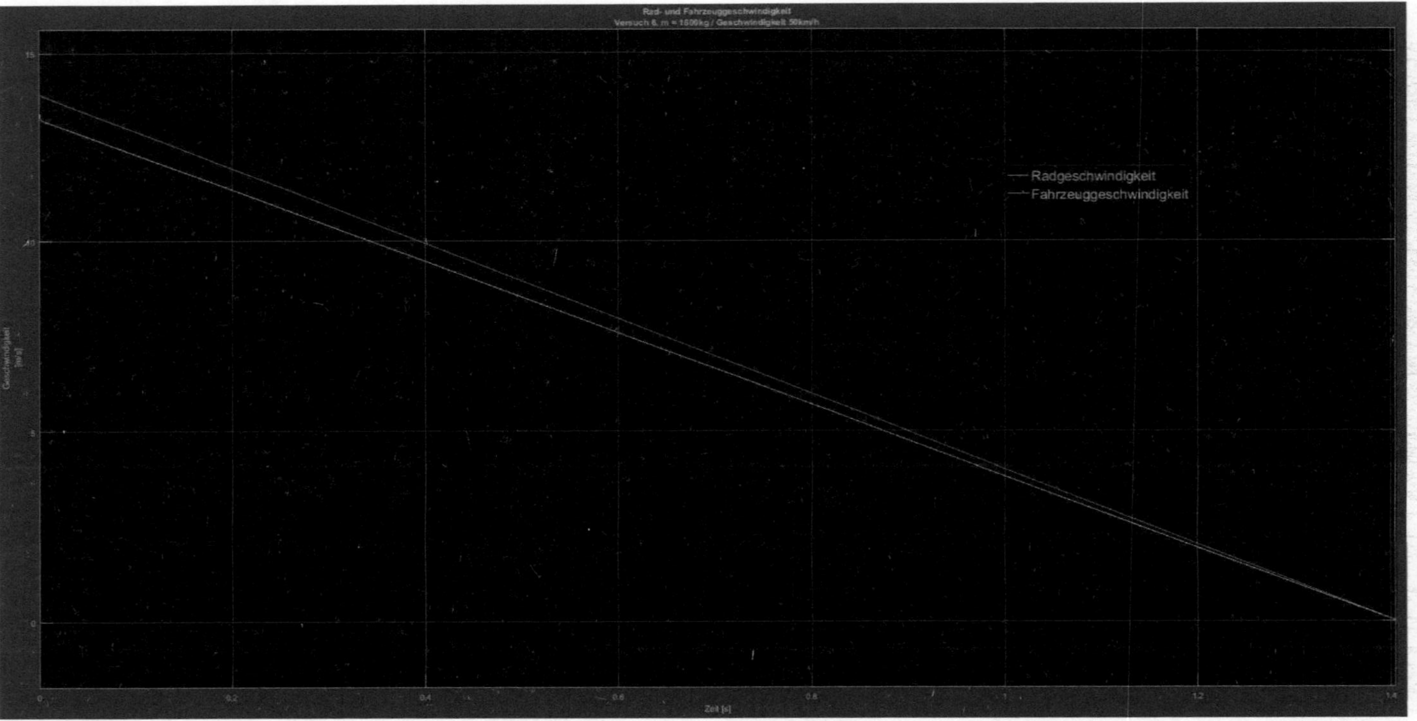

Rad- und Fahrzeuggeschwindigkeit
Versuch 6, m = 1500kg / Geschwindigkeit 50km/h
Radgeschwindigkeit
Fahrzeuggeschwindigkeit
Geschwindigkeit [m/s]
Zeit [s]

BEI GRIN MACHT SICH IHR WISSEN BEZAHLT

- Wir veröffentlichen Ihre Hausarbeit,
  Bachelor- und Masterarbeit

- Ihr eigenes eBook und Buch -
  weltweit in allen wichtigen Shops

- Verdienen Sie an jedem Verkauf

Jetzt bei www.GRIN.com hochladen
und kostenlos publizieren